Freddy Ahadi Ndiweno

Conhecimentos, atitudes e práticas das mães

Freddy Ahadi Ndiweno

Conhecimentos, atitudes e práticas das mães

alimentação complementar na zona sanitária de BAGIRA

ScienciaScripts

Imprint

Any brand names and product names mentioned in this book are subject to trademark, brand or patent protection and are trademarks or registered trademarks of their respective holders. The use of brand names, product names, common names, trade names, product descriptions etc. even without a particular marking in this work is in no way to be construed to mean that such names may be regarded as unrestricted in respect of trademark and brand protection legislation and could thus be used by anyone.

Cover image: www.ingimage.com

This book is a translation from the original published under ISBN 978-620-6-71251-0.

Publisher:
Sciencia Scripts
is a trademark of
Dodo Books Indian Ocean Ltd. and OmniScriptum S.R.L publishing group

120 High Road, East Finchley, London, N2 9ED, United Kingdom
Str. Armeneasca 28/1, office 1, Chisinau MD-2012, Republic of Moldova, Europe
Printed at: see last page
ISBN: 978-620-7-61912-2

CONHECIMENTOS, ATITUDES E PRÁTICAS DAS MÃES RELATIVAMENTE À ALIMENTAÇÃO COMPLEMENTAR NA ZONA SANITÁRIA DE BAGIRA

POR AHADI NDIWENO FREDDY

ÍNDICE DE CONTEÚDOS

EPIGRÁFICO

Fazemos ciência a partir de factos, tal como fazemos uma casa a partir de pedras, mas uma acumulação de factos não é uma ciência, tal como um monte de pedras não é uma casa. A pirite é para a indústria química o que o pão é para a alimentação humana.

"Paul Truchot

DEDICAÇÃO

Aos meus queridos pais NDIWENO NTUMULO Louis e SIFA MULEMANGABO Béatrice.

Aos meus queridos e adoráveis irmãos e irmãs: MICHEL NDIWENO, MICHELINE NDIWENO, JOHN MULEMANGABO, FIKIRINI NDIWENO Naomi, SOLANGE NDIWENO Gabriella, FURAHA NDIWENO Docile, BILUGE NDIWENO Daniella, JIBU NDIWENO Carine, BARAKA NDIWENO Ornella, MUGOLI NDIWENO, MULUMEODERHWA NDIWENO Franck, ROSINE NDIWENO, RUTH NDIWENO, JOLIE NDIWENO, THERESE NDIWENO

AHADI NDIWENO Freddy

OBRIGADO

Gostaríamos de aproveitar esta oportunidade para expressar a nossa gratidão a todos os que contribuíram **para** este estudo, pelo seu empenho e disponibilidade em todas as fases.

Às autoridades académicas e administrativas da UOB por terem contribuído para a nossa formação científica. A todo o pessoal da Faculdade de Ciências Farmacêuticas e de Saúde Pública da Universidade oficial de Bukavu, em geral, por ter proporcionado, sem interrupção, a nossa formação em Saúde Pública durante estes três anos que acabámos de passar na Universidade oficial de Bukavu e, em particular, ao Sr. ASIMA KATUMBI Florentin, supervisor do trabalho, que, apesar das múltiplas ocupações, aceitou orientar-nos.

Os nossos mais sinceros agradecimentos e a nossa mais profunda gratidão vão também para a família NDIWENO, pelo seu amor e pela sua educação integral, da qual nunca deixo de beneficiar.

Gostaríamos também de expressar a nossa sincera gratidão aos nossos amigos mais próximos, em particular a MUHANZI ZIHALIRWA Lucien, NAGAZIRE IRENGE Victoire, MUPENDA MWISHA Anicet, USHINDI PASCASIE, ZEZI NGWASI Prisca.

Aos nossos amigos e camaradas cujo amor e simpatia sempre nos marcaram: GERMAIN MURHULA, KASANGA AMISI, CHIHEBEY BABA-NEEMA Cossta, MUGISHO SAFARI David, SHUKURU BISIMWA Judith, ANSIMA MATABARO, SCOLASTIQUE MWATI, AJUAMUNGU MUSHOSI Siméon.

Gostaríamos de expressar a nossa gratidão a todos aqueles que, de uma forma ou de outra, contribuíram para este trabalho.

RESUMO

Introdução: A alimentação das crianças com mais de 6 meses de idade continua a ser um verdadeiro problema de saúde pública. O objetivo deste estudo é avaliar o nível de conhecimentos, atitudes e práticas das mães na zona sanitária de Bagira no que diz respeito à alimentação complementar.

Metodologia: Trata-se de um estudo descritivo e transversal. A fórmula LUNCH permitiu-nos encontrar uma amostra de 384 mães que amamentam. Os dados foram recolhidos através de um inquérito por questionário na zona sanitária de Bagira.

Resultados: O nosso estudo mostrou que 99% dos inquiridos já tinham ouvido falar de alimentação complementar. A principal fonte de informação foi a rádio (60,03%). Quase todos os inquiridos sabiam que a alimentação complementar é a prática de introduzir alimentos complementares ao leite materno aos 6 meses. A papa comum foi identificada como o primeiro alimento a ser introduzido por 9 em cada 10 inquiridos, ou seja, 91,8%, e quase todos (97,9%) mencionaram a idade superior a 24 meses como a idade de desmame.

Conclusão: É importante melhorar os conhecimentos das mulheres sobre a composição dos alimentos a dar às crianças para que estas tenham uma alimentação equilibrada.

Palavras-chave: Conhecimentos, atitudes, práticas, alimentação suplementar, zona sanitária de Bagira.

INTRODUÇÃO

I.1. ANTECEDENTES

Estão a ser feitos inúmeros esforços à escala internacional para garantir uma alimentação suficiente e saudável para toda a humanidade. No entanto, há que admitir que este desafio ainda não foi vencido. A desnutrição é definida como um estado patológico resultante de uma deficiência relativa ou total ou de um excesso de um ou mais nutrientes essenciais, manifestado clinicamente ou detetável apenas por análises bioquímicas, antropométricas ou fisiológicas **(OMS, 2019)**. Embora seja verdade que a desnutrição por excesso é um problema crescente, devemos notar que a desnutrição por deficiência é a mais difundida. Mais de mil milhões de pessoas em todo o mundo sofrem de malnutrição (uma em cada 10), a maioria das quais nos países em desenvolvimento. Cerca de dois mil milhões de pessoas sofrem de carência de um ou mais micronutrientes. As principais vítimas são as mulheres em idade fértil e, sobretudo, as crianças, especialmente as menores de cinco anos **(PRONANUT, 2010)**.

A **OMS** recomenda que os recém-nascidos sejam colocados ao peito imediatamente após o nascimento (30 minutos), que sejam amamentados exclusivamente até aos 6 meses e que sejam diversificados com alimentos seguros e adequados a partir dos 6 meses **(OMS, 2019)**. No nosso país, ainda é necessário envidar esforços para melhorar as práticas alimentares das crianças pequenas, a fim de lhes garantir um melhor estado nutricional, reduzir as taxas de morbilidade e mortalidade associadas a práticas alimentares inadequadas e, assim, garantir que estas crianças tenham um futuro mais seguro na escola e no trabalho. Foi por isso que decidimos realizar este estudo sobre os conhecimentos, as atitudes e as práticas das mães em matéria de nutrição na primeira infância na zona sanitária de Bagira.

I.2. QUESTÕES

A forma mais aguda de subnutrição é a "emaciação", que acarreta o risco mais imediato de mortalidade. Em todo o mundo, 51 milhões de crianças com menos de cinco anos sofrem de desnutrição aguda, 19 milhões das quais são afectadas pela forma mais grave. Apesar dos esforços significativos, apenas 3 milhões delas têm acesso a tratamento **(INFO-ECHO, 2018)** .

Pelo terceiro ano consecutivo, a fome no mundo ganhou terreno. O número absoluto de pessoas subnutridas, ou seja, que sofrem de carências alimentares crónicas, aumentou para quase 821 milhões em 2017, em comparação com cerca de 804 milhões em 2016. Isto é quase dez anos atrás. A proporção de pessoas subnutridas na população mundial - a Prevalência de Subnutrição (PoU) - poderia ter atingido 10,9% em 2017 **(HIMOURA, 2020).**

A malnutrição é responsável pela morte de mais de **6 milhões de** crianças com menos de cinco anos em todo o mundo. Nas crianças de tenra idade, é responsável por deficiências físicas graves, bem como por problemas cognitivos importantes que dificultarão, em maior ou menor grau, o seu futuro educativo e profissional **(INFO-ECHO, 2018).**

Em todo o mundo, 149,2 milhões de crianças com menos de 5 anos são raquíticas, 45,4 milhões são emaciadas e 38,9 milhões têm excesso de peso. Mais de 40% de todos os homens e mulheres (2,2 mil milhões de pessoas) têm atualmente excesso de peso ou são obesos. Alguns países estão a fazer progressos encorajadores.

O relatório da FAO de 2017 referia que, após ter diminuído durante vários anos, a prevalência da fome tinha voltado a aumentar em África. Os dados mais recentes apresentados no Panorama Regional deste ano confirmam que esta tendência se mantém, sendo a África Central e Ocidental as mais afectadas.

Atualmente, um quinto dos africanos está subnutrido, o que representa 257 milhões de pessoas **(HIMOURA, 2020).**

642 milhões na Ásia e no Pacífico, **265 milhões** na África Subsariana, **53 milhões em África e no Médio Oriente.**

na América Latina e nas Caraíbas, e **42 milhões** no Norte de África e no Médio Oriente.

No Mali, de acordo com o Inquérito Demográfico e de Saúde de 2006, 37% das crianças com menos de 5 anos sofrem de malnutrição crónica, 15% de malnutrição aguda e 27% de peso insuficiente (**OMS, 2006**).

A República Democrática do Congo (**RDC**) é um dos dez países responsáveis por 60% do fardo global da perda de peso em crianças com menos de 5 anos. O país regista taxas elevadas de desnutrição aguda: 6,5% de desnutrição aguda global (GAM) e 2% de desnutrição aguda grave (SAM) de acordo com o último MICS 2018. Duas das 26 províncias têm uma prevalência de SAM acima do limiar crítico e de emergência de 5% (Ituri e Nord Ubangi). Doze das 26 províncias têm uma prevalência de SAM de pelo menos 2%. Tendo em conta o contexto da COVID-19, o Grupo de Nutrição estimou que, em 2021, haverá 3,8 milhões de crianças com menos de cinco anos afectadas pela desnutrição aguda, incluindo 1,1 milhões que sofrem de desnutrição aguda grave. A prevalência da desnutrição crónica manteve-se muito elevada e inalterada. De acordo com o último inquérito MICS 2018, 41,8% das crianças com menos de cinco anos sofrem de atraso de crescimento (desnutrição crónica) na RDC. O país ocupa o 8º lugar no mundo em termos de taxas de atraso no crescimento. Estima-se que mais de 7 milhões de crianças com menos de 5 anos sofrem de atraso de crescimento em 25 das 26 províncias mais afectadas da RDC (prevalência > 30%, limiar crítico de acordo com a OMS) e 3 províncias com uma prevalência superior a 50% (Kwango, Kasai Central e Sankuru). Em 2019, a situação nutricional continuou a ser preocupante em onze territórios, onde os inquéritos nutricionais e de mortalidade realizados em dezassete territórios de 10 províncias (Sud-Kivu, Maniema, Kwango, Lomami, Sankuru, Kasai Oriental, Tanganiyka, Tshuapa, Mai Ndombe, Kwilu) revelaram níveis de desnutrição aguda global duas vezes superiores ao limiar estabelecido (5%). Dos dezassete inquéritos nutricionais regionais realizados, onze revelaram uma prevalência elevada de desnutrição aguda global (GAM), variando de 16,5% a 10,1%, e de 2,7% a 5% para a prevalência de desnutrição aguda grave (SAM). Em 2020, de acordo com os resultados dos inquéritos SMART realizados em 27 zonas sanitárias de 9 províncias - Equador (3), Haut Lomami (1), Kivu do Norte (14), Kivu do Sul (2), Kwango (1), Ituri (1), Mai Ndombe (2), Tanganica (2), Kasai Oriental (2) - 8 zonas sanitárias revelaram níveis de desnutrição aguda global acima do limiar estabelecido pela OMS de 10%: Kamina, na província de Haut Lomami (SAM: 6,3%, GAM: 15,7%); Bikoro, em Equateur (SAM: 4%, GAM: 17,4%); Mwenga, no Kivu do Sul (SAM: 3,4% e GAM: 14,3%); Boko, em Kwango (SAM: 3%, GAM: 15.8%); Drodro em Ituri (SAM: 5,9%, GAM: 14,3%); Tandembelo em Mai Ndombe (SAM: 2,4% e GAM: 14%); Yumbi em Mai Ndombe (SAM: 3,6% e GAM: 14,4%); Nzaba em Kasai Oriental (SAM: 6,9% e GAM: 17,9%). Note-se que, em 2020, foram realizados poucos inquéritos nutricionais nas zonas em alerta nutricional devido à falta de financiamento. A análise da situação nutricional em 2020 de acordo com os 4 Boletins trimestrais n.º 39, 40, 41 e 42 do sistema de vigilância nutricional de segurança alimentar e alerta precoce (SNSAP), apoiado pela UNICEF/USAID Food for Peace, mostra um aumento de mais de 100% no número de alertas emitidos pelas zonas sanitárias em comparação com os mesmos períodos (Trimestre 4) em 2019. Foram declarados 238 alertas para 183 zonas sanitárias em 2020, em comparação com 178 durante os 4 trimestres de 2019, o que representa mais 33% de alertas em todo o país. Além disso, 43 zonas sanitárias tinham 2 ou 3 alertas. É de notar que as províncias de Equateur (19%), Kasai

Oriental (13%), Kasai Central (13%), Kwango (11%), Maniema (11%), Tshuapa (11%) e Kasai (8%) foram responsáveis por mais de 70% dos alertas durante os 4 trimestres (Q1, Q2, Q3 e Q4) de 2020. A UNICEF é a agência líder para a nutrição na RDC e o principal parceiro que apoia os esforços do governo para reforçar e aumentar o programa de gestão dos casos de desnutrição aguda grave na República Democrática do Congo_ **(ACNUR, 2020)...** A República Democrática do Congo (RDC) tem o maior número de pessoas que sofrem de insegurança alimentar aguda em África, devido à persistência da violência dos grupos armados na sua parte oriental, segundo as Nações Unidas, que tencionam ajudar 8.27 milhões de pessoas na República Democrática do Congo, cerca de um quarto da população do país, enfrentam uma insegurança alimentar aguda desde setembro de 2021, de acordo com uma nota do Gabinete de Coordenação dos Assuntos Humanitários das Nações Unidas (OCHA) **(ONU, 2022).**

De acordo com a classificação da OMS, os resultados dos dois inquéritos mostram que a desnutrição aguda global é considerada de "alerta". Além disso, os limiares de intervenção na RDC, tal como definidos pela política nacional de nutrição, são GAM> 11% e SAM> 2%. De acordo com o índice P/T expresso em z-score, a prevalência da desnutrição aguda global (GAM) é de 11,9% (8,9-15,6) em Kabare e de 12,7% (10,3-15,5) em Walungu. A desnutrição grave excede os limiares de emergência em ambas as áreas. É de 2,7% (1,5- 4,8) em Kabare e de 2,8% (1,7- 4,8) em Walungu. A desnutrição crónica global em Kabare e Walungu é de 53,0% (46,6-59,3) e 31,6% (27,4-36,1), respetivamente, e excede os limiares de emergência (MC >30%) **(PRONANUT, 2022).**

De acordo com a 17ª ronda do IPC, Kabare e Walungu contam-se entre os territórios da província do Kivu do Sul afectados por uma insegurança alimentar aguda e classificados como estando em fase de crise. Pensa-se que a presença de grupos armados que operam nestas áreas e o acesso limitado às zonas agro-pastoris contribuem para esta situação. **(PRONANUT, 2022).**

O inquérito da AESA realizado em maio de 2019 pelo PAM revela igualmente que 86% dos agregados familiares no Kivu Sul têm um consumo alimentar fraco e limitado. As várias fontes utilizadas durante a análise indicam que os agregados familiares utilizam mais de 65% do seu rendimento para comprar alimentos. Isto resulta em taxas elevadas de agregados familiares com consumo alimentar pobre e limitado que recorrem a estratégias de sobrevivência severas para fazer face à sua dificuldade de acesso aos alimentos **(PRONANUT , 2022).**

Estima-se que a província do Kivu Sul tenha cerca de 104.617 crianças que sofrem de desnutrição aguda grave (SAM), de acordo com a análise das necessidades humanitárias de 2019 para a província. Os dois territórios de Kabare e Walungu são responsáveis por cerca de um quarto dos casos de SAM (24617 casos), ou 23,5% das crianças com SAM na província. Embora se espere que estes dois territórios tenham um grande número de casos de desnutrição aguda grave em 2019, a cobertura geográfica das unidades de saúde apoiadas pelos parceiros na gestão da desnutrição aguda grave continua a ser baixa. Apenas 4 das 9 zonas sanitárias são apoiadas por dois parceiros, MDA e INTERSOS, que estão presentes em ambos os territórios, sendo a UNICEF responsável pelo fornecimento de insumos nutricionais. No que diz respeito à gestão dos casos de malnutrição aguda moderada (MAM), apenas uma zona sanitária em Kabare é apoiada pelo PAM **(HIMOURA, 2020).**

A gestão da desnutrição aguda continua a ser um desafio na maioria das zonas sanitárias dos territórios de Kabare e Walungu, onde as mulheres e as crianças são as mais afectadas. Os resultados dos últimos inquéritos realizados pelo PRONANUT nestes dois territórios datam de abril de 2013. A prevalência de GAM foi estimada em 12,4% (8,8-17,1) com uma forma grave de 2,1% (0,9-4,9) em Kabare, enquanto em Walungu foi de 12,4% (102-149) com uma forma grave de 4,8% (3,5-6,6) **(ACNUR, 2020).**

Tendo em conta o que precede, as seguintes questões orientarão a nossa investigação:

- O que é que a população da zona sanitária de BAGIRA sabe sobre a malnutrição?

- Quais são as causas e as consequências da subnutrição?

OBJECTIVOS

Objetivo geral

- Determinar o nível de conhecimento da população sobre a malnutrição

Objectivos específicos

- Avaliar o nível de prática das mães na alimentação dos seus filhos na zona sanitária de BAGIRA.

- Identificar as diferentes causas e consequências da subnutrição na população da zona sanitária de BAGIRA

INTERESSE DO TRABALHO

Uma vez que a malnutrição é um problema de saúde pública, este estudo proporcionará uma oportunidade para compreender as várias causas e factores que influenciam a malnutrição na população. De um ponto de vista científico, como membro desta população, o estudo ajuda a dar um sinal sobre os problemas de saúde da população neste ambiente. O estudo servirá também de guia para outros investigadores interessados neste tema.

CAPÍTULO I
REVISÃO DA LITERATURA

I.1. REVISÃO TEÓRICA EM GERAL

I.1 ANTECEDENTES

Definição de conceitos

• **Conhecimentos, atitudes e práticas (CAP)**: o estudo CAP é uma ferramenta estratégica para identificar as necessidades educativas de um grupo-alvo específico. Avalia três pontos: o nível de conhecimento global, as atitudes que motivam o comportamento e as práticas de **prevenção** e gestão das populações-alvo **(ESSI et al, 2013)**.

• **Conhecimento**
Ideia exacta de uma realidade, da sua situação, significado, características e funcionamento **(Le Petit Larousse, 2009)**.

• **Atitudes** Comportamentos que adoptamos em determinadas circunstâncias **(Le Petit Larousse, 2009)**.

• **Práticas** É assim que agimos habitualmente **(Le Petit Larousse, 2009)**.

• **População**: na linguagem corrente, uma população é um conjunto de pessoas ou habitantes que ocupam um determinado espaço ou território (país, província, cidade, distrito sanitário, zona sanitária, área sanitária, etc.). Em estatística, uma população é definida como um conjunto de elementos com as mesmas características **(Célestin K, 2021)**.

• **Zona sanitária:** é uma **entidade** geográfica bem definida (diâmetro máximo de 150 km) contida dentro dos limites de um território administrativo/comunidade, compreendendo uma população de pelo menos 100 000 habitantes (constituída por comunidades socioculturalmente homogéneas) com serviços de saúde a 2 níveis interdependentes (centros de saúde no nível 1er e um Hospital Geral de Referência (HGR) no nível 2), e abreviado por centro de saúde **(Ministério da Saúde, 2006).**

• **Alimentation** Ação de fornecer ou receber alimentos **(Le Petit Larousse, 2009).**

• **Fonte de alimentação suplementar**

Processo iniciado quando o leite materno ou o leite em pó isolado já não é suficiente para satisfazer as necessidades nutricionais de um bebé. Por conseguinte, outros alimentos e líquidos devem ser adicionados ao leite materno ou ao substituto do leite materno. A faixa etária dos bebés visados pela alimentação complementar é geralmente de 6 a 23 meses **(UNICEF, 2019).**

A subnutrição é o resultado de um problema nutricional, que começa com os hábitos alimentares da mãe durante o período de gestação, até ao nascimento do seu filho. Os bons hábitos de alimentação e de dar leite materno ao bebé devem ser mantidos se quiser manter o seu filho de boa saúde, pois é perfeitamente possível que a saúde da criança se deteriore mesmo após o nascimento, o que algumas mães fingem ignorar. Desde o período de amamentação (infância) até à idade de introdução gradual de alimentos (primeira infância) para cobrir as necessidades do corpo em crescimento da criança **(UNICEF, 2019).**

• **Malnutrição**

Termo geral frequentemente utilizado em vez de subnutrição ou subnutrição, embora tecnicamente também se refira a sobrenutrição. Uma pessoa está subnutrida se a sua dieta não contém os nutrientes necessários para o crescimento ou para uma boa saúde, ou se não consegue assimilar totalmente os alimentos que ingere devido a uma doença (subnutrição). Também está subnutrida se consumir demasiadas calorias (sobrenutrição).

Tipos de malnutrição

- **Desnutrição aguda moderada**

A desnutrição aguda moderada ocorre quando uma criança não pesa mais do que 70-80% do peso médio para uma criança da sua altura. O seu perímetro braquial situa-se entre 110 e 119 milímetros.

- **Desnutrição aguda grave**

Esta é a fase mais grave da malnutrição. A desnutrição aguda grave ocorre quando uma criança pesa menos de 70% do peso médio de uma criança da sua altura. O seu perímetro braquial é inferior a 110 mm, tem um aspeto muito magro e, por vezes, apresenta edema nos braços. pele.

I.2 ANÁLISE EMPÍRICA

É entre a conceção e os três anos de idade que se formam os órgãos e tecidos da criança, o cérebro e os ossos, e que se molda o seu potencial físico e cognitivo. A malnutrição enfraquece o sistema imunitário, tornando as crianças vulneráveis a infecções (malária, diarreia, etc.), aumentando a gravidade das doenças e retardando a cura. Estas doenças, por sua vez, levam ao agravamento da desnutrição. Quando o tratamento é adiado por demasiado tempo, conduz a desvantagens de desenvolvimento a longo prazo.

I.2.1 Pouco ou nenhum rendimento.

Os resultados do EDSM IV 2006 mostram que o risco de uma criança morrer é mais elevado para as crianças que vivem nos agregados familiares mais pobres (124 por mil) do que para as que vivem em agregados familiares mais ricos (80 por mil).

I.2.2 Nível de instrução muito baixo ou inexistente.

Estudos realizados no Mali mostraram uma relação significativa entre o elevado nível de desnutrição crónica das crianças e o baixo nível de escolaridade das mães. De acordo com o EDSMV 2012-2013, o nível de desnutrição crónica é de 40% entre os filhos de mães sem instrução, 31% entre aqueles cujas mães têm o ensino primário e 18% entre aqueles cujas mães têm o ensino secundário ou mais.

I.2.3. Características da ideação

A ideação é um conjunto de variáveis psicográficas que determinam a adoção ou não de um determinado comportamento. Estas variáveis incluem os conhecimentos, as atitudes e as práticas associadas a esse comportamento e o acesso à informação ou a pertença a redes sociais/contextos sociais que favoreçam ou não esse comportamento.

I.2.4. Conhecimentos de nutrição

o Não está familiarizado com as boas práticas de nutrição.

o Utiliza a medicina tradicional.

o Não conhece os benefícios do colostro.

o Não sabe que existem alimentos locais fortificados.

I.2.5. Atitudes nutricionais

o Trivialização da importância da diversificação alimentar.

o A alimentação não tem prioridade sobre as outras despesas.

o Dê prioridade à alimentação do seu marido.

o A boa comida é para os ricos.

I.2.6. Práticas nutricionais

oProibição de alimentos.

oDieta rica em nutrientes (sopa para mulheres no pós-parto).

oAlimentação complementar, mas não adequada (não introduzida na altura certa; não adequada à criança; não variada).

oAmamentar, mas não exclusivamente durante seis meses (dar água, por exemplo).

oAuto-medicação.

oBaixa frequência dos centros de saúde.

oMá higiene alimentar

O período entre o nascimento e os 3 anos de idade caracteriza-se por um crescimento rápido e pela maturação dos órgãos. É também o período em que as crianças estão mais expostas a carências nutricionais, a atrasos de crescimento e a certas infecções (infecções gastrointestinais e respiratórias, malária, sarampo, etc.). As más práticas alimentares nesta idade têm consequências dramáticas a curto prazo para a saúde e a sobrevivência da criança, mas também consequências a longo prazo para a saúde, a reprodução e a capacidade intelectual, comprometendo o futuro educativo e socioprofissional destas crianças. Nesta fase da sua vida, as crianças necessitam de uma alimentação equilibrada para garantir um desenvolvimento somático e intelectual ótimo e um bom futuro na escola e no local de trabalho.

I.2.7. Dieta para bebés

I.2.8. Do nascimento aos 6 meses:

A Estratégia Global para a Alimentação de Lactentes e Crianças de Primeira Infância da OMS e da UNICEF recomenda o aleitamento materno exclusivo para bebés até aos 6 meses; por outras palavras, nesta idade, deve ser dado leite materno e nada mais do que leite materno, a não ser que o aleitamento materno seja contraindicado. Neste caso, é preferível o leite artificial. O leite materno está perfeitamente adaptado às necessidades da criança nesta fase. Fornece diariamente calorias, micronutrientes e água, desde que a mãe esteja bem nutrida (os bebés recebem os nutrientes das suas mães através do leite materno. Se a mãe não estiver bem nutrida, o bebé não receberá os nutrientes de que necessita). Tem a particularidade de evoluir de acordo com as necessidades do bebé. Assim, existem três fases no seu desenvolvimento:

1. Colostro: produzido durante os primeiros 3 a 4 dias após o nascimento, caracteriza-se pela sua cor amarela, pela sua consistência espessa e, sobretudo, pelo facto de ser muito rico em imunoglobulinas e vitaminas. Esta fase é prolongada em caso de parto prematuro, quando é mais rico em ácidos gordos polinsaturados, essenciais para o desenvolvimento cerebral do recém-nascido.

2. Leite de transição: produzido entre $5^{\text{ème}}$ e $14^{\text{ème}}$. É mais fino que o colostro, mais alaranjado e mais rico em lactose, caseína e gordura. Durante o dia, adapta-se progressivamente.

3. Leite maduro: produzido a partir do 15º dia, fornece ao recém-nascido os nutrientes necessários ao seu bom desenvolvimento. Tem um teor de água mais elevado e a sua composição varia de uma mamada para a outra. No início da mamada, é mais rico em água, sais minerais e lactose, com uma baixa densidade energética: tem um papel de saciar a sede nesta altura. Ao longo da mamada, a

densidade energética aumenta, assegurando a satisfação das necessidades calóricas do bebé.

l.2.9. A partir dos 6 meses

As necessidades do bebé já não são totalmente satisfeitas pelo leite materno. É nesta idade que deve ser introduzido um alimento complementar seguro e adequado. A diversificação processa-se em três fases:

l.2. 10. Dos 6 aos 12 meses: a alimentação deve consistir essencialmente em leite materno.

É combinado com :
• com água
• com legumes
• com fruta da época
• farinha infantil, batatas
• com carne, peixe ou ovos

N.B.: os alimentos sólidos devem ser esmagados antes de serem ingeridos pela criança, uma vez que esta terá dificuldade em engoli-los.

I.2.11. Dos 12 aos 24 meses: o aleitamento materno continua, mas a um ritmo mais lento. importante.

Podem ser introduzidos alimentos sólidos para além dos acima referidos. A dieta pode consistir em :
• leite materno

• fruta

• vegetais

• cereais: arroz, trigo, milho, etc.

• água

• carne, peixe ou ovos

1.5. Dos 24 aos 36 meses: a alimentação consiste essencialmente na refeição familiar e em refeições ligeiras (fruta, iogurte, pão para barrar, bolos de feijão, de painço ou de arroz, etc.).

CAPÍTULO II

METODOLOGIA

II.1. ENQUADRAMENTO DO ESTUDO

Este estudo foi efectuado na província do Kivu Sul, na cidade de Bukavu, nomeadamente na zona sanitária de Bagira. Esta compreende 8 zonas sanitárias. Estas zonas serão visitadas para recolher as informações necessárias através de um questionário de inquérito.

II.1.1 Localização geográfica,

É limitado :

✓ Norte: através do rio Nyamuhinga, do lago Kivu e do território Kabare

✓ No sul: através da comuna de Ibanda e do território de Kabare

✓ Leste: Lago Kivu e comunas de Ibanda e Kadutu

✓ A oeste, o rio Nyakakungulwe e o território Kabare

Mapa sanitário da zona sanitária de Bagira

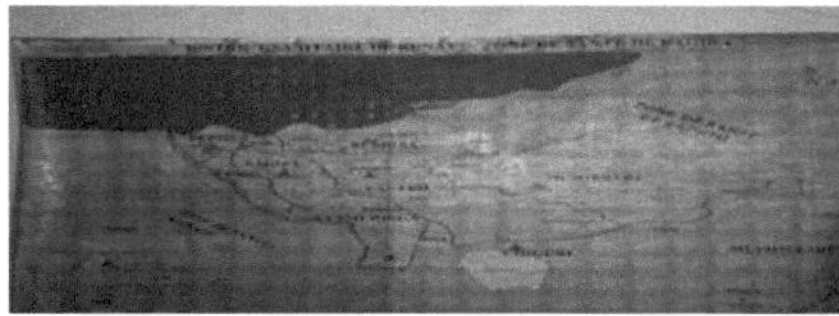

II.2 TIPO DE ESTUDO

Este estudo descritivo transversal teve como objetivo descrever os conhecimentos, atitudes e práticas das mães em relação à alimentação complementar na Zona de Saúde Urbana de Bagira. Realizou-se entre abril e novembro de 2023.

II.3 POPULAÇÃO ESTUDADA

Este estudo centrou-se nas mulheres que amamentam na zona sanitária de Bagira. O grupo-alvo eram todas as mães cujos filhos tinham entre 6 e 24 meses de idade.

No total, foram inquiridas 384 mulheres.

II.4 ESCOLHA E DIMENSÃO DA AMOSTRA

II.4.1. Tamanho da amostra

Utilizámos a fórmula LUNCH para determinar a dimensão da nossa amostra. Esta fórmula permitiu-nos encontrar a amostra para o nosso estudo.

$$Selon\ cette\ formule,\ n = \frac{NZ\propto^2.p.(1-p)}{Nd^2+Z\propto^2.p(1-p)}$$

$$= \frac{1\ 57447.(1,96^2).0,5.(1-0,5)}{157447.(0,05)+(1,96^2).0,5.(1-0,5)} = 384$$

Por isso :

n: dimensão da amostra

P: Prevalência do problema N: População total

d: Corresponde à margem de erro, que é de 5%.

Z: Coeficiente correspondente ao nível de confiança de 95%)

II.4.2. Técnica de amostragem

O presente estudo utilizará a amostragem aleatória estratificada proporcional, que consiste em encontrar o coeficiente dividindo a dimensão da amostra pela população total.

O coeficiente é multiplicado pelo número total de trabalhadores de cada SA da ZS.

$$Coef = \frac{n}{N} = \frac{384}{157447} = 0,0024$$

Quadro 1: Repartição da população por amostra

Áreas de saúde/ Cs	N	n
BAGIRA	16677	40
BURHIBA	31581	76
CIGURHI	10560	29
KAHERO	16172	39
LUMU	20129	48
MAKOMA	13637	35
MUSHEKERE	26916	65
NYAMUHINGA	21775	52
Total	157447	384

II.5. CONSIDERAÇÕES ÉTICAS

Antes da realização do inquérito e da recolha de dados, foi necessário pedir e obter o consentimento informado. A participação no estudo foi livre e sem restrições. Os dados foram recolhidos de forma anónima e foi garantida a confidencialidade dos resultados.

II.6. CRITÉRIOS DE INCLUSÃO E NÃO-INCLUSÃO

II.6.1. Critérios de inclusão

Todas as mães residentes na zona sanitária de Bagira que estavam presentes durante o inquérito e que concordaram em responder ao questionário foram incluídas no **estudo.**

II.6.2. Critérios de não-inclusão

Qualquer mãe que não cumpra os critérios de inclusão acima referidos será considerada excluída deste estudo.

II.7. TÉCNICAS E INSTRUMENTOS DE RECOLHA DE DADOS

II.7.1. Técnica

As visitas de campo para contactar a população-alvo na ZS de Bagira foram a principal técnica utilizada para recolher dados.

II.7.2 Instrumento de recolha de dados

Foi utilizado um inquérito por questionário bem elaborado para recolher os dados encontrados no terreno. Dados utilizados no problema e no primeiro capítulo.

II.8. VARIÁVEIS

II.8.1 Variáveis independentes

o Idade

o estado civil

o nível de educação atingido

o religião

o ramo de atividade

o Número de crianças com menos de 5 anos

o Dimensão do agregado familiar

o Idade da criança (6 a 24 meses)

o Sexo da criança

o Conhecimento

o Atitude

o Prática

o E assim por diante.

II.8.2 Variáveis dependentes

o A alimentação suplementar é a variável dependente neste estudo.

II.9. ANÁLISE DE DADOS

Foram utilizados os seguintes softwares e programas:

- Kobo collect, que nos ajudou a recolher e codificar os dados

-MICROSOFT OFFICE WORD 2016: para introduzir e utilizar a bibliografia relativa a este estudo

- MICROSOFFT OFFICE EXCELL 2016: para a organização das mesas

- EPI INFO: para codificação e análise de dados

II.10 DIFICULDADES ENCONTRADAS

No decurso deste trabalho, foram encontradas várias dificuldades, tais como :

• Por vezes, as mães estão ausentes do agregado familiar, mas deixaram os seus bebés para trás.

• Algumas mães queixavam-se do tempo que passavam com eles.

CAPÍTULO III

APRESENTAÇÃO E DISCUSSÃO DOS RESULTADOS

III. 1. APRESENTAÇÃO DOS RESULTADOS

Quadro 2: Características sócio-demográficas dos inquiridos.

Variáveis	n(384)	%	Média
Idade>20	70	18.23	76.8
20-25 anos	104	27.08	
25-30 anos	98	25.52	
30-35 anos de idade	60	15.62	
35-40	52	13.54	
Religião			
Católico	255	66.41	
Protestante	77	20.05	
Mulher muçulmana	23	5.99	
Testemunha de Jeová	21	5.47	
Kimbanguista	8	2.08	
Nível de estudos			
Nenhum nível	31	8.07	
Primário	85	22.14	
Secundário	212	55.21	
Universidade	56	14.58	
Profissão			
Nenhuma profissão	240	62.5	
Retalhista	83	21.61	
Empregado	49	12.76	
Produtor	12	3.12	

O quadro mostra o elevado número de mulheres inquiridas, na sua maioria com idades compreendidas entre os 20 e os 25 anos, a religião católica predomina (66,41%), 55,21% têm o ensino secundário e 62,5% das mulheres inquiridas não têm profissão.

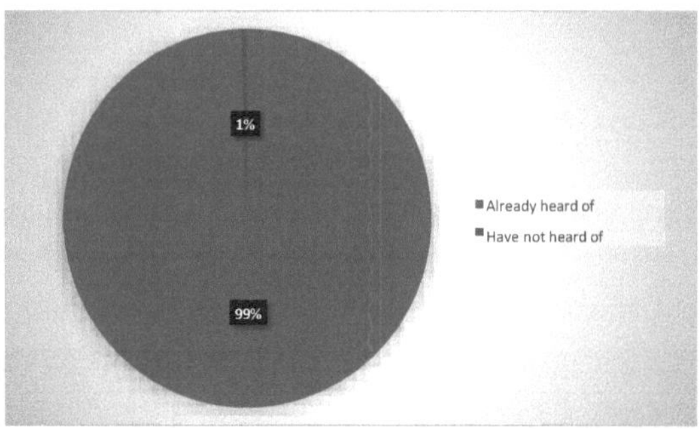

Figura 1: Distribuição dos inquiridos de acordo com o facto de já terem ouvido falar de alimentação complementar

De acordo com este valor, a maioria dos inquiridos (99%) já tinha ouvido falar de alimentação suplementar.

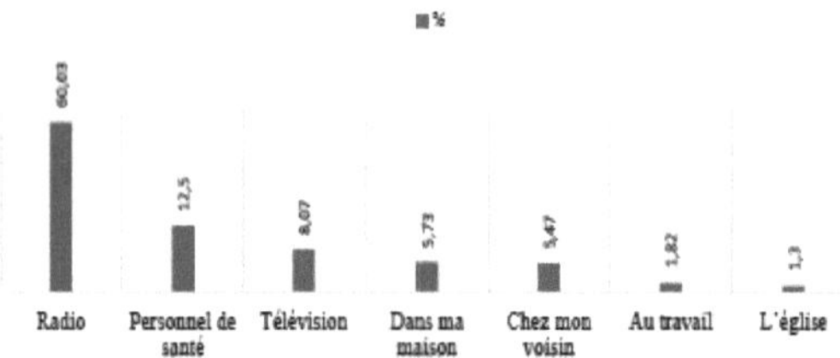

Figura 2: Distribuição dos inquiridos por fonte ou canal de informação sobre alimentação complementar.

De acordo com este valor, a maioria dos inquiridos (60,03%) obtém a sua informação literalmente através da rádio.

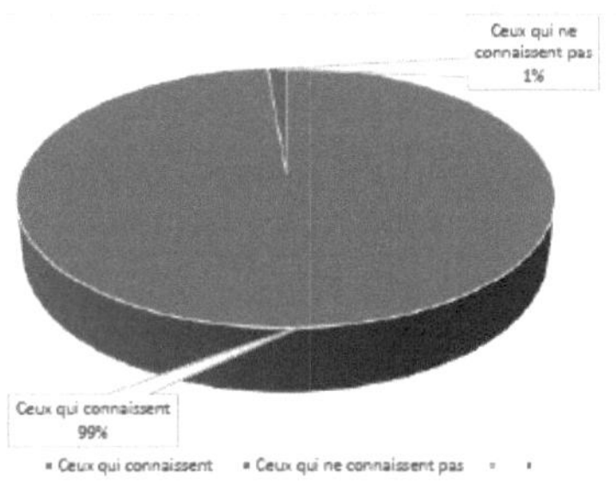

Figura 3: Distribuição dos inquiridos de acordo com os seus conhecimentos sobre alimentação suplementar

Esta figura mostra que quase todos os inquiridos (99%) estavam familiarizados com a alimentação complementar como a introdução gradual de alimentos a um bebé.

Quadro 3: **Distribuição dos inquiridos de acordo com os seus conhecimentos sobre alimentação suplementar** v

Variáveis	n(384)	%
Conhecimento da idade de introdução de alimentos suplementares para animais		
Ter conhecimentos	383	99,6
Não têm os conhecimentos necessários	1	0,4
Em caso afirmativo, idade conhecida		
A partir dos 6 meses	383	100,0
Tipos de alimentos a introduzir		
Papas comuns	362	91,8
Papas de aveia enriquecidas	21	7,8
Prato de família	1	0,4
Idade de desmame		
Não sei	4	0,8
12 a 23 meses	4	0,8
24 meses ou mais	375	97,9
Outra idade	1	0,4

Motivo da doação de alimentos suplementares

O leite materno sozinho não é suficiente 384 100,0

Para além do leite materno, os bebés precisam de outros alimentos 384 100,0

Quase todos os inquiridos já tinham ouvido falar de alimentação complementar e sabiam que esta significava a introdução de alimentos para complementar o leite materno aos 6 meses. A papa comum foi identificada como o primeiro alimento a ser introduzido por 9 em cada 10 inquiridos, e quase todos mencionaram a idade de mais de 24 meses como a idade de desmame. As razões para dar alimentos complementares foram que o leite materno sozinho não era suficiente ou que o bebé precisava de outros alimentos para além do leite materno.

Quadro 4: Distribuição dos inquiridos por atitudes da mãe em relação à alimentação complementar

Variáveis	n(384)	%
Opinião pessoal sobre a AME		
Discordo totalmente	1	0,4
Discordância	1	0,4
Neutro	35	9,4
De acordo.	347	86,9
Concordo plenamente	7	2,9
Dificuldades na preparação da alimentação das crianças		
Ter dificuldades	337	84,7
Não tem dificuldades	47	15,3
Opinião pessoal sobre a diversificação alimentar		
É bom para si	384	100,0
Dificuldades em diversificar a alimentação do bebé		
Têm dificuldade em diversificar	384	100,0
Opinião pessoal sobre a alimentação do seu filho várias vezes ao dia		
É bom para si	382	99,2
Não é benéfico	2	0,8
Dificuldades em alimentar a criança várias vezes ao dia		
Ter dificuldades	383	99,6

Não tem dificuldades	1	0,4
Opinião pessoal sobre a continuação do aleitamento materno após os 6 meses		
é bom para si	382	99,2
Não é benéfico	2	0,8
Dificuldades em continuar a amamentar após 6 meses		
Ter dificuldades	19	5,8
Não tem dificuldades	365	94,2

Observando esta tabela, verificamos que mais de 8 em cada 10 inquiridos concordam com o aleitamento materno exclusivo até aos 6 meses. Oito dos inquiridos (84,7%) têm dificuldades em preparar os alimentos para o seu filho, e quase todos consideram que a diversificação da alimentação do seu filho é benéfica, embora estejam conscientes das dificuldades que a diversificação da alimentação do seu filho acarreta. Quase todas consideraram benéfico alimentar o filho várias vezes ao dia, apesar de terem dificuldade em o fazer. Quase todas consideram benéfico continuar a amamentar após os 6 meses e 9 em cada 10 não têm problemas em fazê-lo.

Quadro 5: Distribuição dos inquiridos por práticas de alimentação complementar

Variáveis	n = 384	%
Dieta da criança no dia anterior ao inquérito		
Óleos e gorduras	381	98,8
Cereais	379	98,3
Legumes e tubérculos ricos em vitamina A	364	93,4
Doces	364	93,4
Peixe	352	88,1
Outros produtos hortícolas	351	87,7
Outros frutos	279	75,7
Vegetais de folha verde escura	191	49,8
Tubérculos e raízes brancos	182	40,7

Os ovos	143	31,7
Carne	87	19,8
Leite e produtos lácteos	46	14,4
Frutos ricos em vitamina A	16	4,9
Miudezas ricas em ferro	8	2,9

A alimentação das crianças consistia principalmente em óleos e gorduras, cereais, legumes e tubérculos ricos em vitamina A, doces, peixe e fruta.

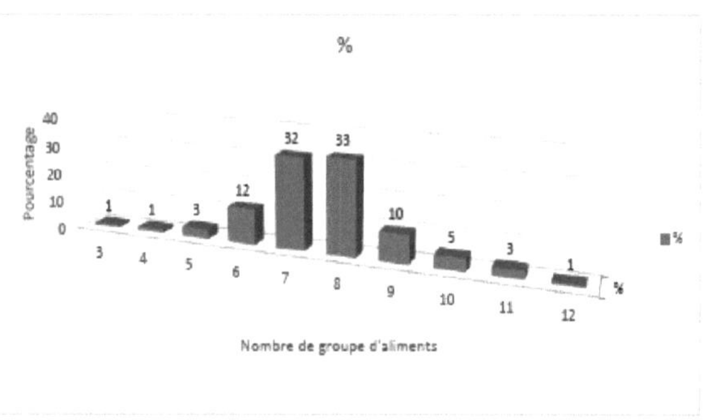

Figura 4: Distribuição dos inquiridos de acordo com a pontuação da diversidade alimentar

Dois terços das mulheres inquiridas tinham dado aos seus filhos 7 a 8 grupos de alimentos.

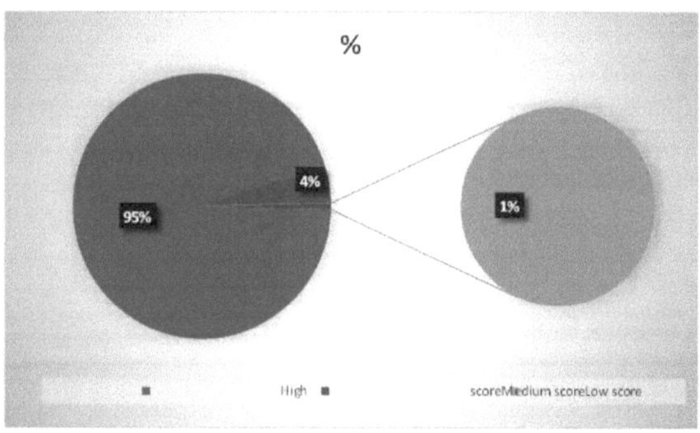

Figura 5: Classificação das pontuações da diversidade alimentar

A maioria dos inquiridos tinha uma pontuação elevada de diversidade alimentar; mais de 6 grupos de alimentos.

III.2. DISCUSSÃO DOS RESULTADOS.

Os alimentos complementares devem fornecer energia e nutrientes de qualidade e em quantidade suficiente para complementar os fornecidos pelo leite materno a partir dos 6 meses de idade, garantindo assim o crescimento, o desenvolvimento e a saúde óptimos da criança **(Songré-Ouattara, L. et al. 2016)**.

Características sócio-demográficas

Este estudo envolveu 384 inquiridos e mostrou que 99% deles já tinham ouvido falar de alimentação complementar. A principal fonte de informação foi a rádio (60,03%). Quase todos os inquiridos sabiam que a alimentação complementar é a introdução de alimentos para complementar o leite materno aos 6 meses. A papa comum foi identificada como o primeiro alimento a ser introduzido à criança por 9 em cada 10 inquiridos, ou seja, 91,8%, e quase todos, ou seja, 97,9%, mencionaram a idade superior a 24 meses como a idade de desmame. Estes resultados são quase idênticos aos de vários estudos. A Tabela 2 mostra que 7 em cada 10 inquiridos têm idades compreendidas entre os 25 e os 30 anos. Isto justifica-se pelo facto de a maioria das mulheres que amamentam na República Democrática do Congo serem jovens. Mais de 9 em cada 10 eram casadas e quase um terço tinha o ensino secundário. Isto parece dever-se ao facto de o nível de literacia permanecer baixo, apesar dos esforços feitos pelo governo congolês ao introduzir o programa de ensino primário gratuito. Um em cada 2 inquiridos era católico e a maioria era agricultor. Esta situação justifica-se pelo facto de a população congolesa ser predominantemente cristã e também pelo facto de, nas zonas rurais, a maioria da população viver da agricultura.

Os nossos resultados são semelhantes aos de **Emmanuel B. Ngoy et al. Ngoy et**

al, "Indicators of infant and young child feeding as predictors of malnutrition in children aged 6-23 months in the Kapolowe health zone, Haut-Katanga, DR Congo", um estudo que mostra que a maioria das mães das crianças eram casadas (95,5%) **(Emmanuel B et all 2022).** Os nossos resultados são semelhantes aos da **Sra. Korotimi SANOGO** no seu estudo sobre os conhecimentos e as práticas das mães em matéria de nutrição na primeira infância na aldeia de Point G na Comuna III do distrito de Bamako, um estudo que nos mostra que a faixa etária entre 25 e 34 anos era a mais representada **(Sra. Korotimi, 2011).**

Estes resultados diferem dos de **Adama Moussa DIALLO**, que constatou que a faixa etária dos 15 aos 24 anos era maioritária, com 51,5%; as mães não tinham instrução em 60,7% dos casos e 88,4% eram donas de casa **(Diallo, A.M 2020).**

A maioria das crianças tinha entre 6 e 12 meses de idade (55,1%), com uma média de idade de 12,5 ± 5,2 meses. Isto pode ser explicado pelo facto de esta ser a faixa etária mais afetada pela alimentação complementar. O sexo feminino predominou. Isto pode ser explicado pelo facto de, em todas as populações, a proporção de crianças do sexo feminino ser geralmente superior à proporção de crianças do sexo masculino. Mais de 8 em cada 10 agregados familiares tinham duas crianças com menos de 5 anos. Devem ser intensificados os esforços de sensibilização para o espaçamento dos nascimentos. E quase ¾ dos agregados familiares eram compostos por mais de 7 pessoas. Isto deve-se ao facto de, em média, os agregados familiares na República Democrática do Congo serem compostos por 7 pessoas.

1. Conhecimentos das mães sobre alimentação suplementar

Em relação à idade de introdução de outros alimentos, quase todas as mulheres sabiam a idade adequada para a introdução de alimentos complementares (99,6%). Todas as mulheres que disseram saber o suficiente sobre a idade em questão citaram o 6º mês como a idade ideal para introduzir outros alimentos à criança. A tabela também mostra que o tipo de alimento citado como o primeiro a ser introduzido é a papa comum, citada por 91,8% das mulheres. 97,94% dessas mulheres acham que a criança já pode ser desmamada com 24 meses ou mais. Esta tabela descreve também as razões para dar à criança outros alimentos para além do leite materno. De acordo com todas as mulheres entrevistadas (100%), o leite materno sozinho não é suficiente para o crescimento da criança. Segundo todas estas mulheres, para além do leite materno, o bebé precisa de outros alimentos para o seu crescimento.

Os nossos resultados no Quadro 3 diferem dos de Adama Moussa DIALLO no seu estudo sobre os conhecimentos, atitudes e práticas das mães relativamente à alimentação das crianças dos 0 aos 23 meses e ao seu estado nutricional em Niafunké, que mostra que mais de sete (7) em cada dez (10), ou seja, 72% das mães, conheciam a AME até aos 6 meses e as vantagens da AME (73%). De acordo com o mesmo estudo, 85% das mães tinham conhecimento dos alimentos locais utilizados na alimentação complementar. O conhecimento da qualidade e da especificidade dos alimentos locais é importante para levar a cabo uma diversificação alimentar acessível e exequível ao longo do tempo numa população de baixos rendimentos **(Diallo, A.M 2020).**

Os nossos resultados corroboram os de **Korotimi SANOGO** no seu estudo sobre os conhecimentos e as práticas das mães relativamente à nutrição na primeira infância na aldeia de Point G, na comuna III do distrito de Bamako, que concluiu que as mães inquiridas tinham um conhecimento bastante bom das recomendações da OMS relativamente às práticas adequadas de nutrição na primeira infância. De facto, 98,9% pensavam que o leite materno era o melhor alimento para os recém-nascidos e bebés; 68,1% conheciam as vantagens do AM; 98,9% do AME; 86,6% sabiam que os alimentos complementares deviam ser introduzidos a partir dos 6ème meses, 98,2% sabiam que tipos de alimentos complementares dar; 75,4% que o aleitamento materno devia continuar até aos 24 meses ou mais **(Madame Korotimi, 2011)**.

Para garantir um crescimento, saúde e desenvolvimento óptimos, a OMS recomenda o início precoce do aleitamento materno para os recém-nascidos, o aleitamento materno exclusivo até aos 6 meses, uma diversificação alimentar segura e adequada a partir desta idade e a continuação do aleitamento materno até aos 24 meses ou mais.

2. Atitudes das mães em relação à alimentação complementar

Observando a tabela 4, verificamos que 86,9%, ou seja, a grande maioria, acha que é mais do que necessário amamentar exclusivamente sem introduzir outros alimentos, enquanto 84,7% têm dificuldade em preparar os alimentos para os seus filhos. Todas acham que é benéfico diversificar a alimentação dos seus filhos, mas todas (100%) têm dificuldade em concretizar essa diversificação.

O quadro mostra igualmente que 99,2% consideram benéfico alimentar o seu filho várias vezes por dia, embora 99,6% considerem difícil fazê-lo. 99,2% pensam que é benéfico continuar a amamentar o seu filho após os 6 meses, enquanto 5,8% consideram difícil continuar a amamentar o seu filho após os 6 meses.

Os dados do estudo **Adama Moussa DIALLO** mostraram que a grande maioria das mães estava a amamentar (94%). O nosso resultado é inferior a este. Esta taxa elevada de AM pode ser explicada, por um lado, pelo facto de o aleitamento materno ser uma prática cultural e, por outro, pelo facto de a maioria das mães não ter meios para obter substitutos do leite materno **(Diallo, A.M 2020)**.

Os nossos resultados convergem com os de **Bougma S, Hama-Ba F, Garanet F et al**; Socio- demographic characteristics of mothers and complementary feeding practices among children aged 6 to 23 months in North Central Burkina Faso, que afirma que as características sociodemográficas como o tamanho do agregado familiar, a pessoa que cuida da criança, o número de filhos, a área de residência, a idade da criança e o estado civil da mãe estão significativamente associados à diversidade alimentar mínima das crianças em análises de regressão multivariada. **(Bougma S et all, 2022).**

1. Práticas de alimentação complementar das mães

Esta secção mostra que 98,33% das mulheres tinham comido cereais no dia anterior à realização do estudo, 93,42% tinham comido legumes e tubérculos ricos em vitamina A, 40,66% não tinham comido tubérculos brancos e raízes, 49,79% tinham comido legumes de folha verde escura e 87,65% tinham comido outros tipos de legumes. Apenas 4,94% tinham dado fruta rica em vitamina A e 75,72% tinham dado outros tipos de fruta.

Num estudo efectuado por **Bougma S, Hama-Ba F, Garanet F et al**; Socio-demographic characteristics of mothers and complementary feeding practices among children aged 6 to 23 months in North Central Burkina Faso, o impacto positivo da educação nas práticas alimentares foi também observado em vários estudos. O local de residência da mãe é outro fator que influencia a adequação das práticas de frequência mínima das refeições. O estudo mostra que as crianças de mães urbanas têm 2,2 vezes mais probabilidades de ter uma frequência mínima de refeições adequada do que as suas homólogas rurais (OR=2,2; p=0,006). As mães que vivem em zonas urbanas estão mais expostas aos vários meios de comunicação que transmitem mensagens de sensibilização sobre as práticas alimentares dos lactentes e das crianças pequenas. Além disso, a maioria das mães urbanas tem formação académica e compreende a importância destas mensagens **(Bougma S et all, 2022).**

O quadro que mostra os tipos de alimentos dados às crianças revela que 2,88% deram aos seus filhos miudezas ricas em ferro, 19,75% deram aos seus filhos carne, 31,69% deram aos seus filhos ovos, 88,07% deram aos seus filhos peixe, 14,40% deram aos seus filhos leite ou produtos lácteos, 98,77% deram aos seus filhos óleos e gorduras e 93,42% deram aos seus filhos doces.

Emmanuel B. Ngoy et al. No seu estudo intitulado "Infant and young child feeding indicators as predictors of malnutrition in children aged 6-23 months in the Kapolowe health zone, Haut-Katanga, DR Congo", este estudo, que é semelhante ao nosso, mostrou que os alimentos importados (cerélac, Dlite, etc.) são dados em primeiro lugar após a amamentação exclusiva, respeitada ou não, por quase uma mãe em cada duas (46,2%), seguidos dos cereais (milho, arroz, etc.).) são dados em primeiro lugar após o aleitamento materno exclusivo, respeitado ou não, por quase uma mãe em cada duas (46,2%), seguidos dos cereais (milho, arroz, etc.).) são dados em primeiro lugar após o aleitamento materno exclusivo, respeitado ou não, por quase uma mãe em cada duas (46,2%), seguidos dos cereais (milho, arroz, etc.) dados por mais de um terço das mães (36,7%). Mais de seis mães em cada dez utilizaram uma mistura de farinha de milho + óleo + açúcar como alimento suplementar, enquanto 1,8% das mães utilizaram uma mistura de farinha de milho + peixe. A farinha de milho + soja foi utilizada por 2,7% das mães, enquanto quase todas elas (95,2%) disseram que o milho e a soja eram alimentos produzidos localmente **(Sra. Korotimi, 2011).**

CONCLUSÃO

Eis-nos no final do nosso trabalho de fim de ciclo, realizado com vista à obtenção do diploma de licenciatura, sobre o tema dos conhecimentos, atitudes e práticas das mães em matéria de alimentação complementar na zona sanitária de BAGIRA. Um suplemento alimentar, como o nome indica, é utilizado para complementar uma alimentação normal. O seu objetivo é ajudar o nosso organismo a manter ou mesmo a melhorar a sua saúde. Destina-se a pessoas que desejam complementar a ingestão de certos nutrientes em resultado de um estilo de vida particular, ou pode ser utilizado para corrigir deficiências nutricionais ou manter uma ingestão adequada de certos nutrientes. Qual é o nível de conhecimento sobre a desnutrição entre a população da zona sanitária de BAGIRA?

- Quais são as causas e as consequências da subnutrição?

De antemão, estabelecemos o objetivo geral de avaliar os conhecimentos, as atitudes e as práticas das mães desta zona sanitária em relação à alimentação complementar, tendo abordado um tema que tratava destes pontos.

Este foi um estudo descritivo transversal, e a fórmula LUNCH permitiu-nos encontrar uma amostra de 384 mães que amamentam para inquirir na área; e os dados foram recolhidos utilizando um questionário de inquérito na zona sanitária de BAGIRA. O nosso estudo mostrou que 99% dos inquiridos já tinham ouvido falar da alimentação complementar. A principal fonte de informação foi a rádio (60,03%). Quase todos os inquiridos sabiam que a alimentação complementar é a introdução de alimentos para complementar o leite materno aos 6 meses. A papa comum foi identificada como o primeiro alimento a ser introduzido por 9 em cada 10 inquiridos, ou seja, 91,8%, e quase todos (97,9%) mencionaram a idade de mais de 24 meses como a idade de desmame. Há ainda muito a fazer no nosso país para melhorar as práticas alimentares das crianças de tenra idade, de modo a garantir-lhes um melhor estado nutricional, reduzir as taxas de morbilidade e mortalidade associadas a práticas alimentares inadequadas e, assim, assegurar a estas crianças um futuro mais seguro na escola e no local de trabalho. É, pois, importante melhorar os conhecimentos das mulheres sobre a composição das refeições a dar às crianças para que estas tenham uma alimentação equilibrada.

RECOMENDAÇÕES

No final do nosso trabalho, somos chamados a fazer recomendações que serão dirigidas tanto ao pessoal de saúde como às mães.

Ao pessoal de saúde :

- Aconselhar as mães a praticarem o aleitamento materno precoce após o parto, encorajando-as a praticar o AME e a introduzir alimentos aos 6 meses, continuando a amamentar até a criança ter 2 anos de idade ou mais.
- Incluir as famílias das mães (maridos, viúvas) e as parteiras tradicionais em actividades de sensibilização sobre as melhores práticas de alimentação infantil e demonstrações culinárias.

Às mães:

- Participar frequentemente em sessões de CPS para melhorar as práticas alimentares das crianças de tenra idade, a fim de lhes garantir um melhor estado nutricional, reduzir as taxas de morbilidade e mortalidade ligadas a práticas alimentares inadequadas e, assim, assegurar a estas crianças um futuro mais seguro na escola e no trabalho.
- Introduzir alimentos complementares adequados a partir dos seis meses de idade, continuando a amamentar até aos dois anos de idade ou mais;

REFERÊNCIAS BIBLIOGRÁFICAS

2. Célestin KYAMBIKWA, curso de demografia da saúde, segundo ano do curso de saúde pública, UOB, 2020-2021

3. Anónimo, Le Petit Larousse illustré, 1995, 1782p. Larousse Paris 1995. ISBN 2-03- 301195-X

4. Ministério da Zona de Saúde, República Democrática do Congo, Recueil de Normes de la Zone de Santé, agosto de 2006

5. Essi M, njoyaoudou : l'enquête CAP (Connaissances, Attitudes, Pratiques) en recherche medical, Laboratoire de recherche sur les hepatites virales et communication en santé-FMSB correspondance, 2013, Dr. Marie José Essi, laborhcs@gmail.com

6. Bougma S, Hama-Ba F, Garanet F et al ; Características sócio-demográficas das mães e práticas de alimentação complementar entre crianças dos 6 aos 23 meses de idade no centro-norte do Burkina Faso. Revista Africana de Alimentação, Agricultura, Nutrição e Desenvolvimento. 2022

7. PRONANUT, Relatório final outubro de 2022

8. Diallo, A.M. (2020) Connaissances, attitudes et pratiques des mères sur l'alimentation des enfants 0 à 23 mois et leur statut nutritionnel à la pediatria/URENI do CSRéf de Niafunké de dezembro de 2018 a fevereiro de 2019. Tese. Université des Sciences, des Techniques et des Technologies de Bamako. Disponível em: https://www.bibliosante.ml/handle/123456789/4524 (Acedido em: 16 de agosto de 2023)

9. UNICEF. (2019). O estado da segurança alimentar e da nutrição no mundo.

10. Salif Samaké et all, (2006) Cellule de Planification et de Statistique Ministère de la Santé Direction Nationale de la Statistique et de l'Informatique Ministère de l'Économie, de l'Industrie et du Commérce Bamako, Mali "Enquête

Démographique et de Santé du Mali (EDSM)

11. Emmanuel B. Ngoy, Ali M. Mapatano et al (2022) "Indicadores de alimentação de bebés e crianças pequenas como preditores de malnutrição em crianças com idades entre os 6 e os 23 meses na zona de saúde de Kapolowe, Haut-Katanga, RD Congo".

12. ACNUR. (2020). Segurança Alimentar Mundial.

13. Songré-Ouattara, L. et al. (2016) 'Evaluation de l'aptitude nutritionnelle des aliments utilisés dans l'alimentation complémentaire du jeune enfant au Burkina Faso', Journal de la Société Ouest-Africaine de Chimie, 041, pp. 41-50.

14. Dr Lalla DIARRA 2020 - 2021Estado nutricional das crianças com idades compreendidas entre os 6 e os 59 meses e das pessoas com 50 anos ou mais nos locais de deslocação no Mali

15. Ficha informativa ECHO - Nutrição - maio de 2017

APÊNDICE

QUESTIONÁRIO DO INQUÉRITO

O nosso nome é e somos estudantes do terceiro ano de licenciatura em Saúde Pública na Universidade Oficial de Bukavu. Dirigimo-nos a si para recolher informações no âmbito do nosso projeto de fim de curso sobre **"Conhecimentos, atitudes e práticas das mães relativamente à alimentação complementar na zona de saúde"**. As informações que nos fornecer serão estritamente confidenciais. Agradecemos a sua participação no nosso estudo.

I. Características sócio-demográficas

1. Que idade tens?

2. Qual é o seu estado civil?

1. Casado //2. Viúva //3. Divorciado //4. Separado//

3. Qual é o nível de ensino mais elevado que obteve?

1. nenhum //2. Escola primária //3. Escola secundária // 4. Universidade / / /

4. Qual é a sua religião?

1. Sem religião //2. Católico //3. Protestante //4. Muçulmano // 5. Testemunha de Jeová // 6. Outra a especificar ....

5. Qual é o seu sector de atividade?

1. Comércio //2. Serviços às empresas //3. Agricultura

4. Agregado familiar //5. Sem profissão //6. Outra a especificar ....

6. Residência ....

7. Número de crianças com menos de 5 anos//

8. Dimensão do agregado familiar//

9. Idade da criança (6 a 24 meses)//

II. conhecimentos da mãe sobre alimentação complementar

10. Sexo da criança1. Masculino //2. Feminino/

11. Sabe em que idade devem ser introduzidos na dieta do seu filho outros

alimentos para além do leite materno?1. Sim //2. **Não //**

12. Em caso afirmativo, com que idade? 1. Antes dos 6 meses //2. A partir dos 6 meses //

13. Que tipo de alimentos devo introduzir no início?

1. Papas de aveia enriquecidas //2. Papas de aveia normais //3. Refeição familiar //

14. Até que idade é recomendado que as mães continuem a amamentar os seus bebés?

1. Não sabe //2. 6 meses ou menos //3. 6-11 meses //4. 12-23 meses //5 .24 meses ou mais //6. Outro para especificar

15. Porque é que é importante dar aos bebés outros alimentos para além do leite materno a partir dos 6 meses de idade?

1. O leite materno, por si só, não é suficiente1. Sim //2. Não //

2. O leite, por si só, não pode fornecer todos os nutrientes de que um bebé necessita para crescer Sim //2. Não//

3. O bebé precisa de mais alimentos para além do leite materno 1. sim //

2. Não //

4. Outros a especificar

A ATITUDE DA MÃE EM RELAÇÃO À ALIMENTAÇÃO COMPLEMENTAR

16. Qual é a sua opinião sobre a afirmação feita pelos profissionais de saúde "Amamentem os vossos filhos exclusivamente durante 6 meses antes de introduzirem qualquer outro alimento"? 1. Discordo totalmente / /

2 .Discordo / /3

Neutro / /4. Concordo / /5.Concordo muito / /

17. Tem alguma dificuldade em preparar os alimentos para o seu filho?

1. Sim / /2. Não / /

18. Considera que dar diferentes tipos de alimentos é benéfico para a criança?

1. Sim //2. Não /   /

19. Tem dificuldade em dar ao seu filho diferentes tipos de alimentos?

1. Sim //2. Não //

20. Considera que alimentar o seu filho várias vezes por dia é benéfico? 1. sim//2. Não //

21. Tem dificuldade em alimentar o seu filho várias vezes ao dia?

1. Sim //2. Não /   /

22. Considera que é benéfico continuar a amamentar para além dos 6 meses? 1. sim//2. Não //

23. Tem dificuldade em continuar a amamentar para além dos 6 meses? 1. sim //

2. Não //

Práticas de alimentação complementar da mãe

24. Indique o que deu ao seu filho ontem (refeições e lanches), durante o dia ou à noite, em casa ou fora de casa. Comece pelo primeiro alimento ou bebida ingerido de manhã.

n°	Questão		Resposta SIM=1 NÃO=0
a	A criança comeu alguma coisa (refeição ou lanche) fora de casa ontem?		
b	Grupo de alimentos	Exemplos	
1	Cereais	Pão, massas, biscoitos, bolachas ou qualquer outro alimento feito de milho painço, sorgo, milho, arroz, trigo + inserir alimentos locais, por exemplo, ugali, papas ou massas e outros cereais disponíveis localmente	

2	Legumes e tubérculos ricos em vitamina A	Abóbora, cenoura, abóbora ou batata-doce de polpa alaranjada + outros legumes ricos em vitamina A disponíveis no local (por exemplo, pimentos)	
3	Tubérculos e raízes brancos	Batata branca, inhame branco, mandioca ou alimentos à base de raízes	
4	Vegetais de folha verde escura	Vegetais de folha verde escura, incluindo espécies selvagens + folhas ricas em vitamina A disponíveis localmente, como folhas de mandioca, etc.	
5	Outros produtos hortícolas	Outros produtos hortícolas (por exemplo, tomate, cebola, beringela), incluindo espécies selvagens	
6	Fruta rica em vitamina A	Mangas maduras, melões, alperces secos, pêssegos secos + outros frutos ricos em vitamina A disponíveis no local	
7	Outros frutos	Outros frutos, incluindo frutos silvestres	
8	Miudezas (ricas em ferro)	Fígado, rim, coração ou outros alimentos à base de miudezas e sangue	
9	Carne	Carne de vaca, de porco, de carneiro, de cabra, de coelho, de caça selvagem, de galinha, de pato ou de outras aves	
10	Ovos		
11	Peixe	Peixe fresco ou seco ou marisco	
12	Leguminosas, frutos secos e sementes	Feijões, ervilhas, lentilhas, sementes ou alimentos derivados	
13	Leite e produtos lácteos	Leite, queijo, iogurte ou outros produtos lácteos	
14	Óleos e gorduras	Óleo, gorduras ou manteiga adicionados aos alimentos, ou utilizado para o caixotão	
15	Doces	Açúcar, mel, refrigerantes açucarados ou alimentos doces como chocolate, rebuçados, etc.	
16	Especiarias, condimentos, bebidas	Especiarias (pimenta preta, sal), condimentos (molho de soja, molho picante), café, chá, bebidas alcoólicas OU exemplos locais	

Obrigado por participar neste estudo!

Printed by Books on Demand GmbH, Norderstedt / Germany